野菜には科学と歴史がつまっている

ジャガイモは悪魔の植物だった？

キム・ファン／作　ミヤザーナツ／絵

えっ？
ぼくたちが悪魔だった？

それがね、どうもそうみたいなのよ

いまから250年くらい前のフランスでのこと。貴族たちがたずねた。
「王様、その花はなんの花でしょうか？　とてもお似あいですよ」
王様のルイ16世は上着のボタンの穴に、
王妃様のマリー・アントワネットは、髪に花をかざっていた。
「これはジャガイモだ」
「ジャガイモ？　聞きなれない名前ですね」
そのようすを見て、にんまりしたのが農学者のパルマンティエさ。

ジャガイモは南アメリカのアンデス高地がふるさと。
とっくのむかしにヨーロッパに伝わっていたけれど、
だれも食べようとはしなかった。

「お役人は、これを植えろと言うけれど……。
タネもまかないのにかってにふえて、気味が悪いわ」
「悪魔が魔術でふやしてやがるんだ！ こいつは『悪魔の植物』だ！」

しつれいしちゃうわ。
見た目だけで決めちゃダメよ

本当だ！
「悪魔」って言ってる

それに、くぼみがあって、ごつごつした見た目から、
食べると病気になると、おそれられていたんだ。
王様が胸に花をつけたのは、そんなジャガイモの
悪いイメージを変えようと、パルマンティエが
しくんだ作戦だったのさ。

それにしても
パルマンティエ、
王様を使うなんて、
かなりのやり手だね

18世紀のヨーロッパは、天候不順や戦争により、食物が不足する飢饉がよく発生した。
畑は荒れ、パンをつくる材料のコムギがたりなくなった。
「なにか、コムギ不足をおぎなうことのできる作物はないものか？」
プロイセン（いまのドイツとポーランドにかけてあった国）の王、
フリードリヒ2世は、
荒地でもよく育ち、収穫がはやいジャガイモのすばらしさに、いちはやく気づいた。
だって、ジャガイモは畑が踏み荒らされても収穫できるもの。
「言うことを聞かないヤツは、鼻と耳をそぎおとせ！」
むりやりジャガイモを植えさせたんだ。

パルマンティエは戦争に行き、プロイセン軍につかまった。
収容所で毎日のように出されたのが、ほかでもないジャガイモ。
「これはきっと、フランスを救う食べものになるぞ」
パルマンティエは、ジャガイモを広める決心をしたのさ。

なるほど、ここでジャガイモのことを知ったんだな

ヨーロッパに伝わったとき、悪魔が魔術でふやしていると言われたジャガイモ。
タネもまかないのに、どうしてかってにふえるんだろうね？
同じようにタネをまかない植物といえば、「球根」を植えるチューリップ。
球根は、栄養をたくわえて大きくなった自分の体の一部で、
「分身」のようなもの。だからつぎの年、まったく同じ色と形の花が咲く。

うわっ！
もう子どもの球根が
できはじめてる！

チューリップにも実がなり、タネができるのを知っている？
でもね、自分の花のめしべに、同じ花のおしべの花粉がついても
タネはできない。ちがうチューリップの花粉が必要なんだ。
親がちがうから、同じ花は咲かないよ。
しかもタネから育てると、花が咲くのに5年もかかってしまうんだ。
同じ色や形の花を咲かせたいから、球根を植えるのさ。

ジャガイモの実は、ミニトマトのようなかわいらしい実だよ。
品種によって、実がよくつくものとつきにくいものがあるけどね。
その実の中にタネができる。

チューリップとちがってジャガイモは、自分の花粉でもタネができるんだ。
けれどもできたタネは、まったく同じではない。
同じ親から生まれても、きょうだいはそれぞれ少しちがうよね。
しかも、タネから植えたイモは、とても小さいよ。
だから「分身」である、「タネイモ」を植えるのさ。

つまり、ジャガイモのイモは、「球根」なんだ。
球根とは、養分を根や茎にたくわえて太ったもの。
「根」という字が入っているけれど、「根」だけじゃない。

タマネギやチューリップは、養分を「葉」にたくわえ、
ジャガイモやシクラメンは、「茎」にたくわえる。
サツマイモやダリアは、「根」にたくわえるのさ。

じつは、ジャガイモの葉や茎、イモの芽や緑色になったところには、
ソラニンやチャコニンという「毒」が大量にふくまれている。
だから、緑色になったイモや、芽が出てきてしまった部分は、
絶対に食べちゃいけないんだ！

タマネギを切ると
涙がでるのも、
ピーマンが苦いのも、
虫や動物などの敵に
食べられないためなのよ

うわぁぁ、
たいへん！

ふふふ。
ジャガイモの葉はおいしいよ。
さあ、どんどんお食べ。
ひひひ

「ううっ、おなかがいたい……」
ヨーロッパでジャガイモが食べられはじめたころ、
毒のことを知らずに、毒のあるところも食べて、中毒になっちゃった人がいたんだ。
これも、ジャガイモがなかなか食べられなかった理由のひとつさ。

戦争が終わり、フランスにもどってきたパルマンティエは、
ジャガイモを研究して大きな賞をもらった。
それで、王様からも応援してもらえることになったんだ。

パルマンティエはちがう作戦もしくんだよ。
畑にジャガイモを植えて、兵士に見張りをさせたのさ。
「あれはきっと、とびきりうまいものにちがいない」
うわさは、またたくまに広がった。

そして、夜には兵士を立ちのかせて、わざとジャガイモをぬすませたんだ。
「思ったとおり！　これはうまい」
パルマンティエの作戦は、またも大成功！

「タネもまかないのに、かってにふえてくれて、本当に助かるわ」
「ああ、ジャガイモは荒地でもよく育つ。とてもいい作物さ」
伝わってから、食べられるまでに200年以上かかったけれど、
ヨーロッパの多くの国でジャガイモは、「主食」になった。

ヨーロッパは
どこも、パンが
主食だと思ってた

よく言うよ。
「悪魔の植物」って
言ってたのに！

主食とは、毎日食べるごはんやパンのこと。
主食になる食べものの多くには、「でんぷん」という栄養がたくさん入っていて、
からだや脳を動かすエネルギーになるんだ。
もちろん、ジャガイモにはでんぷんがたっぷり。

そうよ。わたしたちは「天使の植物」なのよ！

ヨーロッパで最初に、ジャガイモを主食にしたのはアイルランド。
ところが、いまから180年くらい前のある時、
「うっ、なんだこれは？ イモがぐにゃぐにゃじゃないか！」
ジャガイモの病気が国じゅうで大流行した。
主食をうしない、飢えや病気で約150万人もの人が
死んでしまったと言われている。

元気でねぇ〜

ふるさとを捨てて、外国にわたった人が100万人もいたわ

原因は、よい畑ではコムギをつくり、やせた畑でジャガイモをつくったこと。しかも、少しでも多く収穫しようと、みんながやせた畑でもよく育つたったひとつの品種だけを植えてしまったことさ。
そこに病気がはやり、国じゅうのジャガイモが同時にだめになってしまったんだ。
この大事件は、「ジャガイモ飢饉」とよばれているよ。

この大事件、絶対に忘れちゃいけないよね

病気に強くておいしいジャガイモをつくるためには、
いったいどうすればいいんだろう？
ちがう品種のジャガイモの花粉をめしべにつけると、
やがて実がなって、タネがとれる。
ミニトマトのような実には、100〜200個のタネができる。
そのタネから育てたものは、いままでとはちがうジャガイモだよね。
その中から目的にあったイモを選び、それをタネイモにしてふやしていく。
そうやって、いままでなかった新しい品種をつくるのさ。
でもこれは、タネを50万個まいて、ようやくひとつの新しい品種が
見つかるくらい、時間と根気のいる作業なんだ。

ぼくもこうやって、
生みだされたんだな

どんなイモが
できるのかしら？

そんな努力と苦労によって、
おいしくて病気にも強いジャガイモがどんどんつくられているよ。
なんと、2000種以上もあるんだって。

じつはぼく、
中も赤いんだ

24

ジャガイモの食べかたもいろいろ。
ねっとりしたイモは、くずれにくいのでシチューやカレーに。
ほくほくしたイモは、食感をたのしむコロッケやポテトフライに。
野菜や肉といっしょに炒めてもおいしいし、
ふかしてそのまま食べてもおいしいよ。
ポテトチップスなどのおかしにだってなるのさ。

はるさめやかまぼこ、魚肉ソーセージ、
わらびもちには、
ジャガイモのでんぷんが使われているんだ。

パルマンティエって名前の料理もあるんだよ！

ジャガイモのすごいところは、食べものとして以外にも、
たくさん使われているところ。
ジャガイモからとれるでんぷんは、
絵の具、のり、土にかえるプラスチックなどに使われている。

それだけじゃないよ。
ジャガイモから燃料を
つくる研究も
されているんだ。

土にかえるから、
ごみにならないの

フランスの首都、パリの地下鉄の駅には、
農民にジャガイモを配るパルマンティエの像が立っているよ。
「パルマンティエ、ありがとう！　あなたのおかげだ」
そんな思いが伝わってくるよね。

むかしジャガイモは、「悪魔の植物」だなんて、
ずいぶんと悪口を言われたけど、おいしくて人のためになっている。
ジャガイモを広めようと一生懸命に努力した、
パルマンティエのような人がいたことも忘れないでいようね。

パルマンティエって、像になるくらいえらい人だったんだね！

王様と王妃様にジャガイモの花をかざらせたの、すてき！

ジャガイモあれこれ

塚越 覚（千葉大学環境健康フィールド科学センター）

世界でたくさんつくられるイモ

ジャガイモは世界じゅうでたくさんつくられ、1年間に約3億6千万トンが生産されています。日本でもっとも多くつくられているイモも、ジャガイモです。ちなみに、世界でジャガイモのつぎに多くつくられているのは、タピオカの原料になるキャッサバです。3億トンほどが生産され、主食として利用されています。サツマイモが8900万トン、サトイモ（タロイモ）が1200万トン前後なので、この2種類がいかにたくさんつくられているかがわかります。

作物なの？　野菜なの？

ふつう、主食にしたり、アルコールやでんぷんの原料にしたりする植物を「作物」といいます。いっぽう、おかずとして利用するものが「野菜」です。だから、ジャガイモを主食としている国では作物です。日本ではコメやコムギが主食で、ジャガイモはおかずの材料になることが多いので野菜です。でも、一部はでんぷんなどの原料になるので、そのジャガイモは作物ということになります。

ジャガイモの目

ジャガイモには「目」があります。表面にあるくぼみのことで、目から「芽」が出ます。口に出すとややこしいですね。英語でも、目を意味するeyeといいます。ちなみに、目がかたまってたくさんあるほうが先端にあたり、こちらが上になります。

タネイモは特別製

ジャガイモのタネイモは、国や都道府県がしっかりと管理しています。おおもとのタネイモを、タネイモ生産を専門におこなう生産者に配り、畑でふやします。そして、病気がないか、線虫という目に見えないほどの小さな虫がいないかなどを確認した特別製のタネイモが一般の生産者に販売され、わたしたちが食べるジャガイモがつくられているのです。

キム・ファン

1960年京都市生まれ。自然科学分野の絵本や読み物を多く手がける。『サクラ ―日本から韓国へ渡ったゾウたちの物語』（Gakken）が、第1回子どものための感動ノンフィクション大賞最優秀作品。紙芝居『カヤネズミのおかあさん』（童心社）で、第54回五山賞受賞。韓国でCJ絵本賞を受賞した『すばこ』（ほるぷ出版）が、第63回青少年読書感想文全国コンクール課題図書に。『ひとがつくったどうぶつの道』（ほるぷ出版）で、韓国出版文化賞を受賞するなど、日韓で著書多数。

ミヤザーナツ

絵本作家・イラストレーター。著書に『ただいまねこ』『まんまるしっぽのクロ』（NHK出版）、共作絵本に『らったくんのばんごはん』（作・坂根美佳／福音館書店）、『がんばれ、なみちゃん！』（作・くすのきしげのり／講談社）、『でんしゃにのるよ　ひとりでのるよ』（作・村せひでのぶ／交通新聞社）。共作紙芝居に『うみのどうぶつ　どっちがどっち？』（キム・ファン・脚本／童心社）など。

監修・解説／塚越 覚（千葉大学環境健康フィールド科学センター）
装丁・デザイン／イシクラ事務所

野菜には科学と歴史がつまっている
ジャガイモは悪魔の植物だった？

2025年2月14日　初版第1刷発行

作	キム・ファン
絵	ミヤザーナツ
発行人	泉田義則
発行所	株式会社くもん出版
	〒141-8488
	東京都品川区東五反田2-10-2　東五反田スクエア11F
電話	03-6836-0301（代表）
	03-6836-0317（編集）
	03-6836-0305（営業）
ホームページアドレス	https://www.kumonshuppan.com/
印刷所	TOPPANクロレ株式会社

NDC626・くもん出版・32P・26cm・2025年
ISBN978-4-7743-3432-5
©2025 Kim Hwang & Miyazawa Natsu & Satoru Tsukagoshi
Printed in Japan

落丁・乱丁がありましたらおとりかえいたします。本書を無断で複写・複製・転載・翻訳することは、法律で認められた場合を除き禁じられています。購入者以外の第三者による本書のいかなる電子複製も一切認められていませんのでご注意ください。
CD56261